Petronella Vervoort Isler / Antonio Teta

BWL Skills
Key Concepts

3. Auflage

VERSUS

Bibliografische Information der Deutschen Nationalbibliothek: Die Deutsche Nationalbibliothek verzeichnet diese Publikation in der Deutschen Nationalbibliografie; detaillierte bibliografische Daten sind im Internet über http://dnb.d-nb.de abrufbar.

Autoren:
Petronella Vervoort Isler
Antonio Teta

Mitautoren:
Florian Angst
Tobias Hauser
Thomas Sutter

Visuelle Gestaltung:
Manuel Cottone
artic media design, Zürich
www.artic.ch

Weitere Informationen zu Büchern aus
dem Versus Verlag unter www.versus.ch

ISBN 978-3-03909-144-7

Inhaltsverzeichnis

Vorwort

REDUCE TO THE MAX!

Modelle dienen dazu, die Realität auf das Wesentliche zu reduzieren, damit zentrale Faktoren identifiziert und Auswirkungen simuliert werden können. Ein modellhaftes Vorgehen erhebt einen ähnlichen Anspruch. Die Anleitung zu einem Vorgehen muss einfach und verständlich sein, ohne dass die ganzheitliche Sichtweise verloren geht. Im vorliegenden Buch mussten zwei Herausforderungen gemeistert werden: Die Informationen zur Anwendung der verschiedenen Problemlöseinstrumente («Tools») werden auf das Wesentliche reduziert. Gleichzeitig werden die Einsatzmöglichkeiten in ein ganzheitliches Vorgehen integriert. Eine zeitgemässe kritische Auseinandersetzung mit den Inhalten erfüllt dabei die Funktion einer Qualitätssicherung. Das Resultat ist eine Denkstrategie!

Die erste Auflage des vorliegenden Werkes ist genau im Sinne der unserem Modell zugrunde liegenden Denkstrategie entstanden, indem unterschiedliche Sichtweisen einbezogen wurden. Daran mitgewirkt haben Dozierende, wissenschaftliche Mitarbeitende und Assistierende. Besonderer Dank gilt dabei dem damaligen Projektleiter Tobias Hauser, den wissenschaftlichen Assistierenden Lina Fluri, Dalibor Ilic, Marius Müller, Andreas Schönbächler sowie der Lektorin Kerstin Bleß.

Die zweite Auflage ist substanziell überarbeitet und ergänzt. Dabei sind die aus dem Unterricht gewonnenen Erkenntnisse sowie die Anregungen von über tausend Anwendern der Zürcher Hochschule für Angewandte Wissenschaften ZHAW, School of Management and Law, berücksichtigt.

Wesentlicher Zusatznutzen ist die erhöhte Benutzerfreundlichkeit. Inhaltlich wurden folgende Elemente ergänzt:
Das neue Kapitel zur «Interaktionsthemenanalyse» basiert auf den Begriffskategorien des «Neuen St. Galler Managementmodells» und bietet eine systematische Anleitung zur Identifizierung und Kategorisierung der Anspruchsgruppen, ihrer Anliegen und der die Unternehmen betreffenden Interaktionsthemen.
Im Kapitel «Morphologischer Kasten» wird ein weiteres Einsatzgebiet im Rahmen der Strategieentwicklung eröffnet

Insgesamt enthält die neue Auflage zusätzliche wertvolle Konkretisierungen im Anwendungsbereich sowie problemorientierte Vernetzungen im betriebswirtschaftlichen Kontext.

An dieser Stelle ist die inhaltliche Mitwirkung von Flavio Di Giusto (Wissenschaftlicher Mitarbeiter) speziell zu verdanken.

Petronella Vervoort Isler und Dr. Antonio Teta

Einführung

Geschätzte Leserin, geschätzter Leser

Die Betrachtung unseres alltäglichen, realen Lebens zeigt oft, dass die aktuelle Situation (Ist-Zustand) nicht mit der gewünschten Situation (Soll-Zustand) übereinstimmt. Eine solche Diskrepanz bezeichnen wir allgemein als Problem. Probleme lassen sich nach der Dynamik der Veränderungen, der Anzahl der Interaktionen sowie der Anzahl der Einflussfaktoren grundsätzlich einteilen in einfache Probleme, komplizierte Probleme und komplexe Probleme.

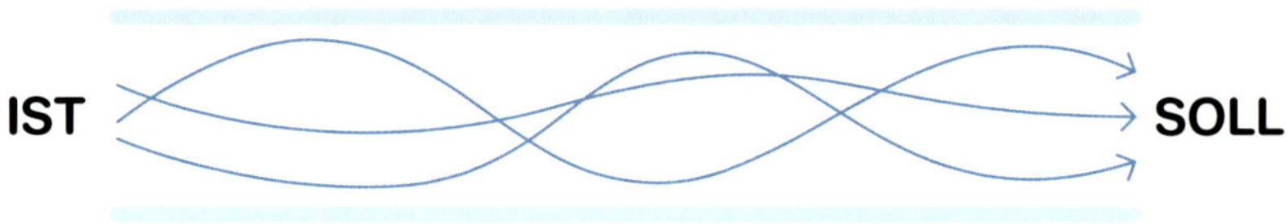

Abbildung 1: Ist-Soll-Diskrepanz

Grundsätzlich sind Individuen bestrebt, Probleme zu lösen, das heisst, diese Diskrepanzen zu überwinden, um ihre Lebensqualität zu verbessern. Jeder Mensch verfolgt dabei seine eigene, individuelle Vorgehensweise. Dabei werden Verstand (rationale Intelligenz) ebenso wie Gefühle, Intuitionen und Erfahrungen (emotionale Intelligenz) kombiniert. Insbesondere bei der Lösung komplexer Probleme ist eine systematische, standardisierte und modellbasierte Vorgehensweise von Vorteil.

Dieses Buch bietet methodische Anleitungen und Unterstützung bei den dabei notwendigen Denkprozessen. Es ergänzt Ihr vorhandenes Allgemein- und Fachwissen um die Aspekte «Vorgehensweise» und «Einstellungen». Das idealtypische, analytische Vorgehen, unterteilt in einzelne Prozessschritte, wird im vorliegenden Modell deshalb sehr bewusst auch um den heuristischen Aspekt des «Bauchgefühls», also den Einbezug von Werthaltungen und Gesinnungen erweitert. Mit unserem Modell werden wir somit dem derzeitigen gesellschaftlichen Anspruch gerecht, das in der Wirtschaftswelt häufig vorherrschende rein analytische Modelldenken um eine ethische Sichtweise zu ergänzen.

Zielsetzung

Mit diesem Buch bieten Ihnen die Autoren eine Orientierungshilfe beim Lösen komplexer Probleme. Es handelt sich um eine systematische Vorgehensweise entlang eines idealtypischen Problemlöseprozesses. Der Weg zur Problemlösung ist dabei meist iterativ. Vorausgesetzt wird die Bereitschaft zum Einbezug verschiedener Sichtweisen, die ein kontinuierliches, kritisches Denken erfordert. Abgerundet wird das Ganze durch eine realistische Zeitplanung mit den entsprechenden Verbindlichkeiten. Der nachfolgende **Navigator** soll Ihnen helfen, erfolgreich durch Leben, Studium und Beruf zu steuern!

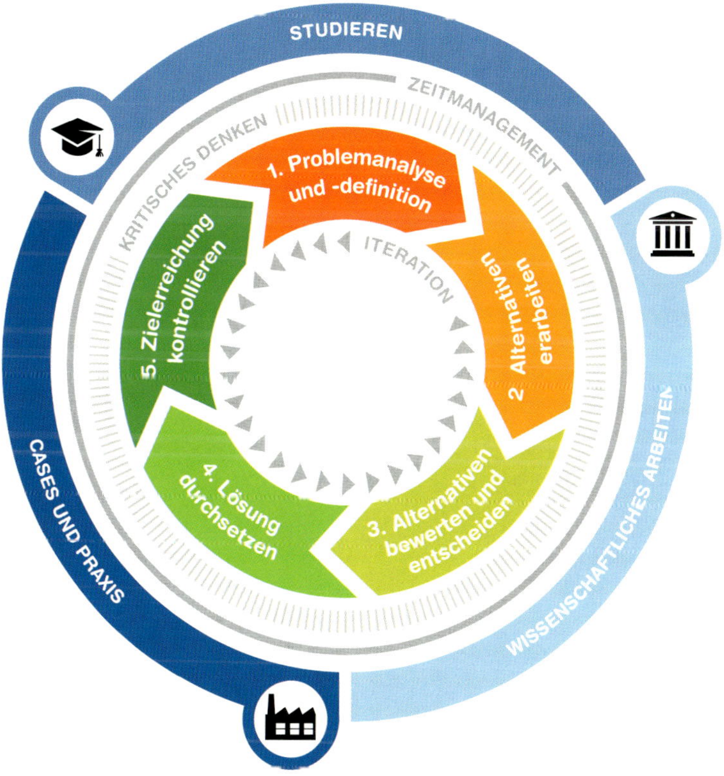

Abbildung 2: Navigator

Gebrauchsanleitung

Der Navigator auf dem ausklappbaren Buchdeckel hilft Ihnen, sich im Buch zu orientieren. Der Problemlöse- und Entscheidungsprozess ❶ gliedert sich in fünf Iterationsschritte. Die farbigen Pfeile am rechten Seitenrand ❷ korrespondieren mit den Prozessschritten und visualisieren, welches Werkzeug in der entsprechenden Situation greift. Über den Netzplan ❸ in Erweiterung zum Navigator finden Sie direkt zur gewünschten Methode. Die Anwendungsfelder ❹ zeigen auf, in welchen Tätigkeitsgebieten die jeweiligen Werkzeuge vorwiegend zum Einsatz kommen. Diese sind:

Wissenschaftliches Arbeiten
Einsatz im wissenschaftlichen Kontext

Studieren
Einsatz im Studium

Cases und Praxis
Einsatz in der Praxis

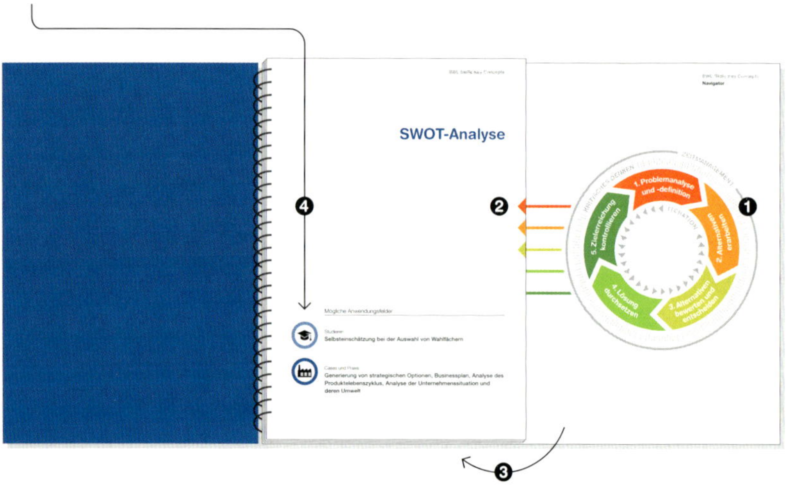

Die einzelnen Kapitel gliedern sich jeweils in vier Themen:

What's it all about?
Beschreibt beispielhaft die möglichen Anwendungsfelder.

Leading Idea
Erklärt die Idee und Funktion der jeweiligen Methode.

How to do it
Beschreibt das grundsätzliche Vorgehen bei der Anwendung des jeweiligen Werkzeugs.

Process and Outcome
Visuelle Darstellungen und Umsetzungen zu den einzelnen Methoden.

Problemlöse- und Entscheidungsprozess

What's it all about?

- Welche Arten von Problemen gibt es?
- Wie kann ein Problem ganzheitlich erfasst werden?
- Welche Hauptschritte beinhaltet eine systematische Problemlösung?
- Im ersten Schritt nicht am Ziel – was jetzt? → Iteratives Vorgehen

Leading Idea

Ein Problem, sei es einfach, kompliziert oder komplex, besteht immer, wenn ein Ist-Zustand in einen Soll-Zustand übergeführt werden soll. Ein Problem besteht aus folgenden Elementen:

- Unerwünschter Ausgangszustand (Ist-Zustand)
- Erwünschter Endzustand (Soll-Zustand)
- Faktoren, welche verhindern, dass der Soll-Zustand ohne Weiteres erreicht werden kann (Schwierigkeiten, Barrieren)

Unter Problemlösen wird das Bestreben verstanden, einen gegebenen Zustand in einen anderen, gewünschten Zustand überzuführen. Die Barrieren, die sich zwischen Ausgangs- und Endzustand befinden, gilt es dabei zu überwinden. Einfache Probleme können durch selbstverständliche, bekannte Operationen oder Intuition gelöst werden. Bei komplizierten und komplexen Problemen ist ein systematisches Denken und Vorgehen empfehlenswert. Gerade komplexe Problemstellungen lassen sich in der Regel nicht in Form eines einmaligen Durchgangs durch ein lineares Lösungsschema bewältigen. Sie erfordern ein wiederholtes Zurückkommen auf vorangegangene Phasen (iterativer Prozess).

Probleme treten im Leben in diversen Ausprägungen und Kontexten auf. Vor dem Hintergrund heterogener Anspruchshaltungen gilt es, zeitnah Problemlösungen zu entwickeln und sich dabei kritisch mit unterschiedlichen Perspektiven auseinanderzusetzen. Deshalb ist die Problemlösekompetenz eine wichtige Kompetenz, sei es im Beruf, im Studium oder im Privatleben.

How to do it – Grundsätzliches Vorgehen

1. **Problemanalyse und -definition**
   Gründliche und umfassende Bestimmung des Problems unter Einbezug der Problemsichtweisen unterschiedlicher Anspruchsgruppen: «Worum geht es hier eigentlich?» Dieser Schritt ist entscheidend und richtungsweisend für alle darauffolgenden Schritte. Je nach Problemsichtweise kann eine andere Problemdefinition entstehen.

2. **Erarbeitung von Alternativen**
   Erarbeiten von unterschiedlichen Lösungsansätzen für die identifizierten Probleme. Hier gilt: kreativ sein – das Undenkbare denken!

3. **Bewertung von Alternativen und Entscheidung**
   Verschiedene Handlungsalternativen einander gegenüberstellen, gründlich durchdenken, abwägen und entscheiden auf Grund von Kriterien (Nutzenmaximierung).

4. **Durchsetzung der gewählten Alternative**
   Projektplan mit «Milestones» formulieren und umsetzen.
   Stimmige Rahmenbedingungen schaffen.

5. **Kontrolle der Zielerreichung**
   Zielerreichung sicherstellen, über den Stand der Dinge informieren und, wenn notwendig, korrigierende Massnahmen ergreifen (iteratives Vorgehen).

Process and Outcome

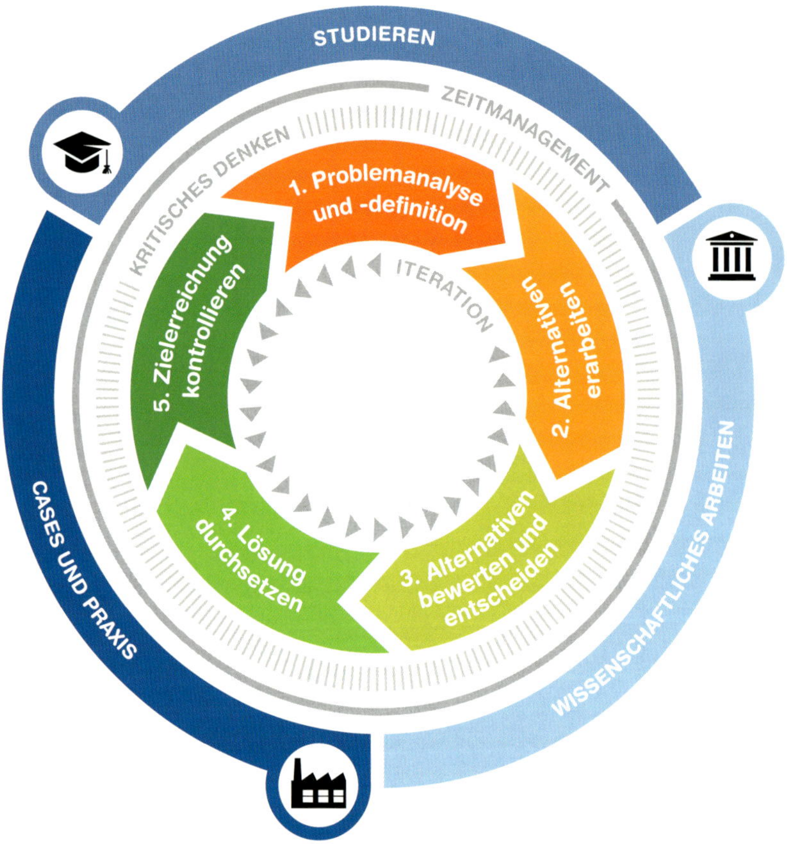

Abbildung 3: Idealtypischer Problemlöse- und Entscheidungsprozess

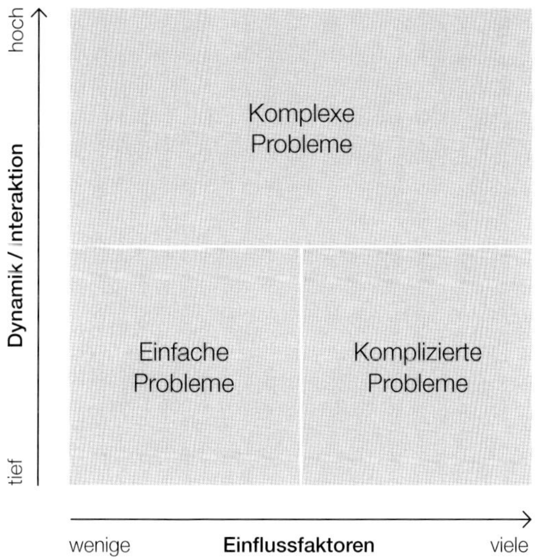

Abbildung 4: Komplexität einer Problemsituation (in Anlehnung an Gomez / Probst 1999)

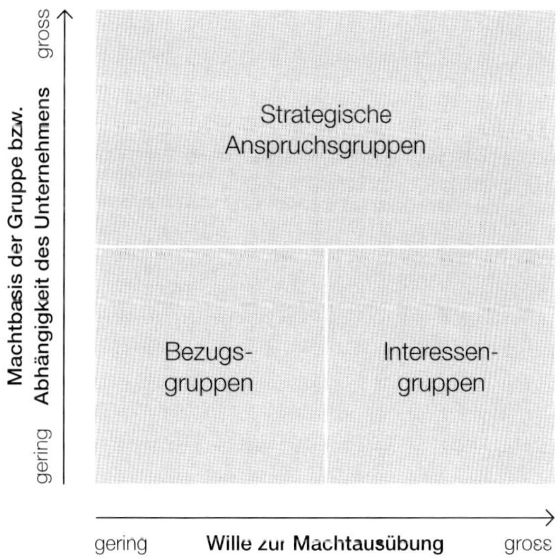

Abbildung 5: Einfluss-Interessen-Matrix (in Anlehnung an Mintzberg 1999)

Notizen

Interaktionsthemen-analyse

Mögliche Anwendungsfelder

Wissenschaftliches Arbeiten

Zielkonflikte zwischen wissenschaftlichem Anspruch und Praxisrelevanz wissenschaftlicher Erkenntnisse. Einhaltung wissenschaftlicher Kriterien

Studioren

Erfassung des Spannungsfeldes zwischen Studium, Privat- und Arbeitsleben

Cases und Praxis

Als Integration des normativen und strategischen Managements und zur Positionierung des Unternehmens gegenüber den Anspruchsgruppen

What's it all about?

- Weshalb werden welche Anspruchsgruppen, Anliegen und Interaktionsthemen berücksichtigt?
- Welche Anspruchsgruppen haben welche Anliegen?
- Welche Interaktionsthemen ergeben sich daraus?
- Welche Werthaltung und welches Motiv sind Grundlage der Interaktionsthemen?
- Inwiefern ist ein Unternehmen bezüglich Ressourceneinsatz von Interaktionsthemen betroffen?

Leading Idea

Insbesondere komplexe Probleme zeichnen sich durch eine Vielzahl von Einflussfaktoren aus. Deshalb ist ein systematisches Vorgehen zur Reduktion der Komplexität sinnvoll. Die Interaktionsthemenanalyse basiert auf den Begriffskategorien des «Neuen St. Galler Managementmodells» und stellt eine strukturierte Methode im Problemlöse- und Entscheidungsprozess dar.
Das «Neue St. Galler Managementmodell» unterscheidet sechs Begriffskategorien, welche sich auf zentrale Dimensionen des Managements beziehen. Anspruchsgruppen können anhand strategischer und normativer Kriterien identifiziert und kategorisiert werden (Anspruchsgruppenkonzepte). Ausgehend von den Anliegen dieser Anspruchsgruppen ergeben sich Interaktionsthemen für das Unternehmen. Die Interaktionsthemen widerspiegeln Anliegen und Interessen, basieren auf Werten und Normen und betreffen Ressourcen.

Begriffskategorie	Unterarten
Umweltsphären	Gesellschaft, Natur, Technologie, Wirtschaft
Anspruchsgruppen	Kapitalgeber, Kunden, Mitarbeitende, Öffentlichkeit/NGOs, Staat, Lieferanten, Konkurrenz
Interaktionsthemen	Ressourcen, Normen und Werte, Anliegen und Interessen
Ordnungsmomente	Strategie, Strukturen, Kultur
Prozesse	Managementprozesse, Geschäftsprozesse, Unterstützungsprozesse
Entwicklungsmodi	Optimierung, Erneuerung

Abbildung 6: Begriffskategorien im «Neuen St. Galler Managementmodell» (Rüegg-Stürm 2004)

How to do it – Grundsätzliches Vorgehen

Allgemeine Umweltanalyse

1. Welches Unternehmen ist inwiefern betroffen?
2. Welches Anspruchsgruppenkonzept steht im Vordergrund? (Shareholder Value, strategisches oder normativ-kritisches Anspruchsgruppenkonzept)
3. Welche Anspruchsgruppe ist inwiefern betroffen? Wie ausgeprägt ist ihre Machtbasis und ihr Wille zur Machtausübung?
4. Welche Trends und Veränderungen ergeben sich in den Umweltsphären? Welche werden im Rahmen der Anliegen aufgegriffen?

Eigentliche Interaktionsthemenanalyse

5. Welches Anliegen (verallgemeinerungsfähige Ziele) bringt die Anspruchsgruppe vor?
6. Welche Interessen (unmittelbarer Eigennutzen) verfolgt die Anspruchsgruppe dabei?
7. Welche Normen (explizite Gesetze und Regelungen) sind ausschlaggebend für die Anliegen der Anspruchsgruppe?
8. Auf welchen Werten (grundlegende Ansichten) basieren die Anliegen der Anspruchsgruppe?
9. Welche Ressourcen sind Inhalt der Interaktionsthemen und werden vom Unternehmen benötigt?
10. Inwiefern werden diese Ressourcen vom Unternehmen benötigt bzw. zu welchen Bedingungen stehen sie ihm zur Verfügung?

Process and Outcome

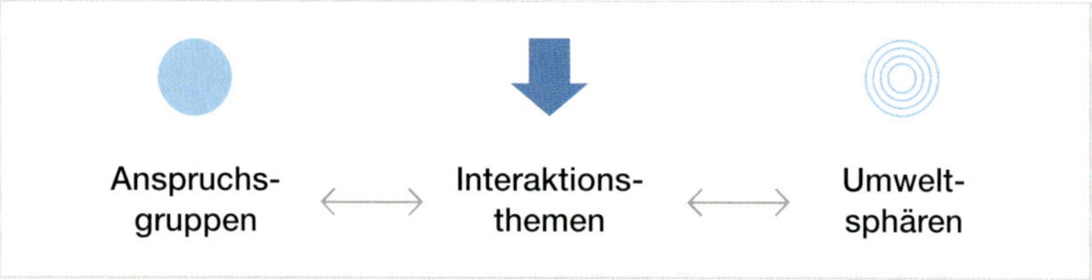

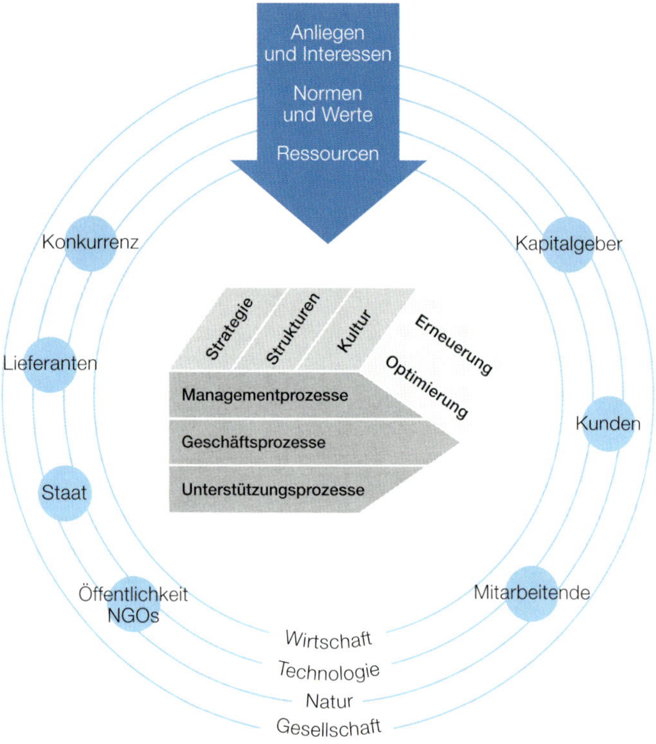

Abbildung 7: Interaktionsthemen im St. Galler Managementmodell (in Anlehnung an Rüegg-Stürm 2004)

Perspektive	Ökonomische Rationalität	Ethische Vernunft
Anspruchsgruppenkonzept	Strategisches Anspruchsgruppenkonzept	Normativ-kritisches Anspruchsgruppenkonzept
Beurteilung von Anspruchsgruppen	Einfluss- und Machtpotenzial	Legitimität
Frage zur Abgrenzung von Anspruchsgruppen	Wer kann oder könnte Einfluss auf das Unternehmen haben?	Wer hat legitime Ansprüche an das Unternehmen?

Abbildung 8: Anspruchsgruppenkonzepte (in Anlehnung an Ulrich et al. 1999)

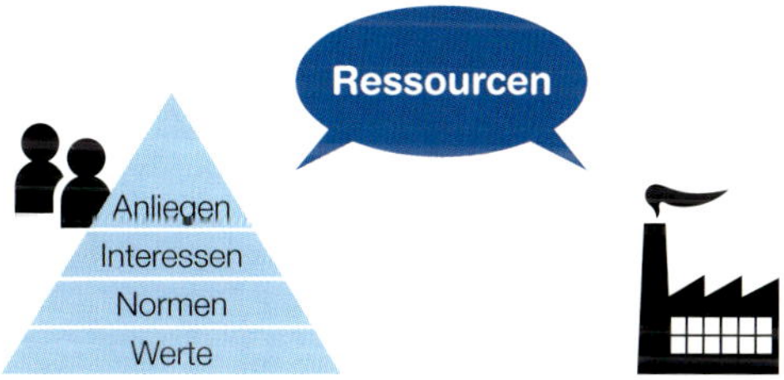

Interaktionsthemenanalyse		
Anspruchsgruppe	Ansprüche	Interaktionsthema
Anliegen (verallgemeinerungsfähige Ziele)		
Interessen (unmittelbarer Eigennutzen)		
Normen (explizite Gesetze und Regelungen, auf Werte aufbauend)		
Werte (grundlegende Ansichten über ein erstrebenswertes Leben)		

Abbildung 9: Systematik einer Interaktionsthemenanalyse

Notizen

Netzwerktechnik

Mögliche Anwendungsfelder

Studieren

Einbezug verschiedener Interessengruppen und deren Anspruchshaltungen im Studium

Cases und Praxis

Bei komplexen und vernetzten Problemstellungen, wie zum Beispiel bei einer Branchen- und Wettbewerbsanalyse oder bei der Analyse von volkswirtschaftlichen Situationen (z. B. Finanzkrise)

What's it all about?

- Wie geht man mit komplexen Problemen um?
- Welche Einflussgrössen sind für ein Problem von Bedeutung?
- Wie bringt man Ordnung in eine Vielzahl von Einflussfaktoren und Zusammenhängen?
- Wie unterscheiden sich Steuerungsgrössen von Messgrössen?
- Wie kann der Erfolg von implementierten Massnahmen gemessen werden (Indikatoren)?

Leading Idea

Neben einer Vielzahl einfacher Probleme, die sich mit Intuition und herkömmlichen Problemlösungsansätzen gut strukturiert und verhältnismässig rasch lösen lassen, gibt es komplexe Probleme, die sich durch eine Vielzahl von Abhängigkeiten und Verknüpfungen auszeichnen. Sie weisen eine hohe Vernetzung und (Eigen-)Dynamik auf, die nur beschränkt steuerbar ist. In der betrieblichen Praxis ist man oft mit mangelhaft strukturierten, komplexen Problemstellungen konfrontiert. Die Netzwerktechnik bietet sich für eine ganzheitliche Erfassung einer solchen Problemsituation an. Dabei werden die wichtigsten Elemente eines Systems erfasst und zueinander in Beziehung gesetzt. Im Netzwerkdiagramm können die Wirkrichtung und -stärke sowie die zeitliche Komponente sichtbar gemacht werden. Durch die Analyse des Netzwerks lassen sich Wirkungszusammenhänge identifizieren und Ansatzpunkte für Interventionen herauskristallisieren.

Im betriebswirtschaftlichen Kontext geht es darum, dort mit Mitteln und Massnahmen anzusetzen, wo aufgrund der unternehmerischen Erfolgslogik die grösste Wirkung erzielt wird. Ein Management-Cockpit liefert eine wertvolle Übersicht der relevanten Lenkbarkeiten (Hebel), Indikatoren und Rahmenbedingungen.

Die PIMS-Studie (Profit Impact of Market Strategies) bietet dazu Anhaltspunkte: Sie hat über dreissig Einflussfaktoren identifiziert, welche die Rentabilität bzw. den Cashflow massgeblich beeinflussen.

How to do it – Grundsätzliches Vorgehen

1. Problem abgrenzen und Sichtweisen identifizieren.

2. Bedeutende Einflussfaktoren ermitteln (sog. Schlüsselfaktoren).

3. Beziehungen zwischen den Einflussfaktoren kennzeichnen, um damit den Kern- bzw. Grundkreislauf zu erstellen.

   ⊕ bedeutet dabei: gleichgerichtete Beziehung
   – je grösser, desto grösser
   – je kleiner, desto kleiner

   ⊖ dagegen heisst: entgegengesetzte Beziehung
   – je grösser, desto kleiner
   – je kleiner, desto grösser
   – je mehr, desto weniger
   – je weniger, desto mehr

4. Netzwerk entwickeln: Zentralen Kreislauf um zusätzliche Einflussgrössen erweitern. Zeitliche Abhängigkeiten und Intensitäten entwickeln.

5. Netzwerk interpretieren: Wirkung zwischen den Einflussfaktoren bestimmen (verstärkende und stabilisierende Kreisläufe). Ziel- und Messgrössen sowie Steuerungsgrössen identifizieren.

6. Konkrete Massnahmen aus lenkbaren Einflussfaktoren ableiten und in einem Projektplan zusammenfassen.

Process and Outcome

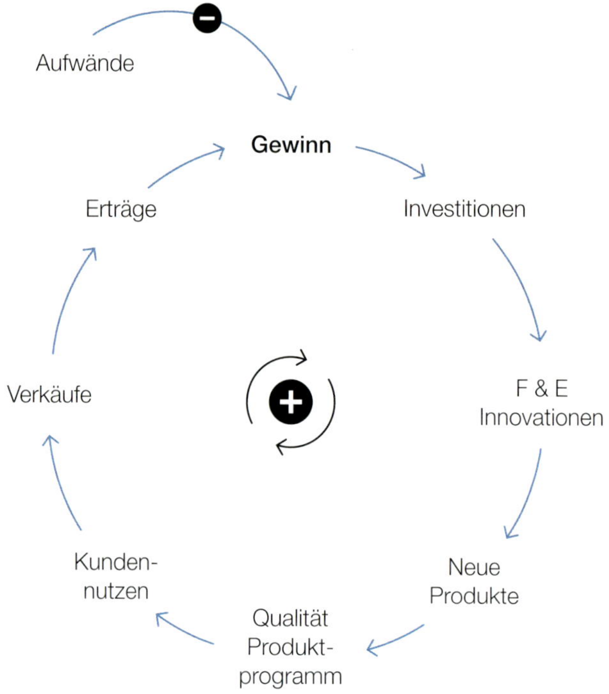

Abbildung 10: Betriebswirtschaftlicher Motor (in Anlehnung an Gomez / Probst 1999)

Die wichtigsten Erfolgsfaktoren des PIMS-Programms		
Faktor	**Definition**	**Wirkung**
1. Investment-Intensität	Investment (betriebsnotwendiges Kapital)/Wertschöpfung[1]	Eine hohe Investment-Intensität (Investitionsintensität), die weitgehend davon abhängig ist, in welchen Branchen man tätig ist, hat von allen Bestimmungsfaktoren den grössten **negativen Einfluss** auf den ROI.
2. Produktivität	Wertschöpfung pro Mitarbeiter	Eine hohe Produktivität ist immer **positiv**; sie ist unabdingbar bei hoher Investment-Intensität.
3. Relativer Marktanteil	Eigener Marktanteil/Summe der Marktanteile der drei Hauptkonkurrenten im bedienten Markt	Ein hoher relativer Marktanteil ist immer **günstig**, besonders bei hoher Marketing-Intensität (Marketing/Umsatz), hoher F&E-Intensität (F&E/Umsatz) und bei schlechter Konjunkturlage. Katastrophal wirkt sich eine schwache Marktposition zusammen mit einer hohen Investment-Intensität aus.
4. Wachstumsrate des betreffenden Marktes	Prozentuale Wachstumsrate des bedienten Marktes	Eine hohe Wachstumsrate ist **positiv** für den absoluten Gewinn, **neutral** bezüglich des relativen Gewinns (ROI), **negativ** für den Free Cashflow.
5. Relative Qualität der Produkte	Umsatzanteil aus Produkten mit überlegener Qualität (aus Kundensicht) abzüglich Umsatzanteil aus Produkten mit unterlegener Qualität	Eine hohe relative Qualität ist stark **positiv** für alle Finanzdaten und bei kleinem Marktanteil unabdingbar.
6. Innovationsrate (Unterscheidung von Konkurrenten)	Umsatzanteil an Produkten, die nicht älter als drei Jahre sind	Eine hohe Innovationsrate ist bis zu einem gewissen Grad (Umsatzanteil) **günstig**, aber in der Regel nur bei hohen Marktanteilen. Ab einem gewissen Umsatzanteil ist Innovation **negativ** für den ROI.
7. Vertikale Integration[2]	Als absolute Grösse: Wertschöpfung/Umsatz Als relative Grösse: Vertikale Integration hinsichtlich der wichtigsten Konkurrenten	Die Effekte vertikaler Integration als Kombination mehrerer, in der Regel getrennter Produktions- und Vertriebsstufen auf die Rentabilität sind nicht eindeutig. Die Beziehung ist komplex und hängt von der jeweiligen Situation ab. Eine hohe vertikale Integration ist zum Beispiel **positiv** in reifen, stabilen Märkten. Sie ist **negativ** sowohl in rasch wachsenden als auch in schrumpfenden Märkten. Geschäftseinheiten mit einem geringen Marktanteil erreichen den höchsten ROI bei einer geringen vertikalen Integration.
8. Kundenprofil	Anzahl der direkten Kunden, die 50 % des Umsatzes ausmachen	Eine eher kleine Kundenzahl (allerdings abhängig von Branchenmerkmalen) ist **günstig**.

1 Wertschöpfung: Umsatz abzüglich zugekaufte Vorleistungen (z. B. Material, Halbfabrikate)

2 Eine hohe vertikale Integration bezeichnet eine ausgeprägte unternehmensinterne Wertschöpfung, das heisst der Grossteil der verkauften Wertschöpfung wird inhouse geschaffen, wie dies typischerweise in der Banken- oder Versicherungsbranche der Fall ist. Ein Gegenbeispiel einer tiefen vertikalen Integration stellt Nike dar (welche die Produktion ausgelagert hat und sich auf Design, Branding und Vertrieb konzentriert).

Abbildung 11: Die wichtigsten Erfolgsfaktoren des PIMS-Programms (in Anlehnung an Schoeffler/Buzzell/Heany 1972 und Waibel/Käppeli 2013)

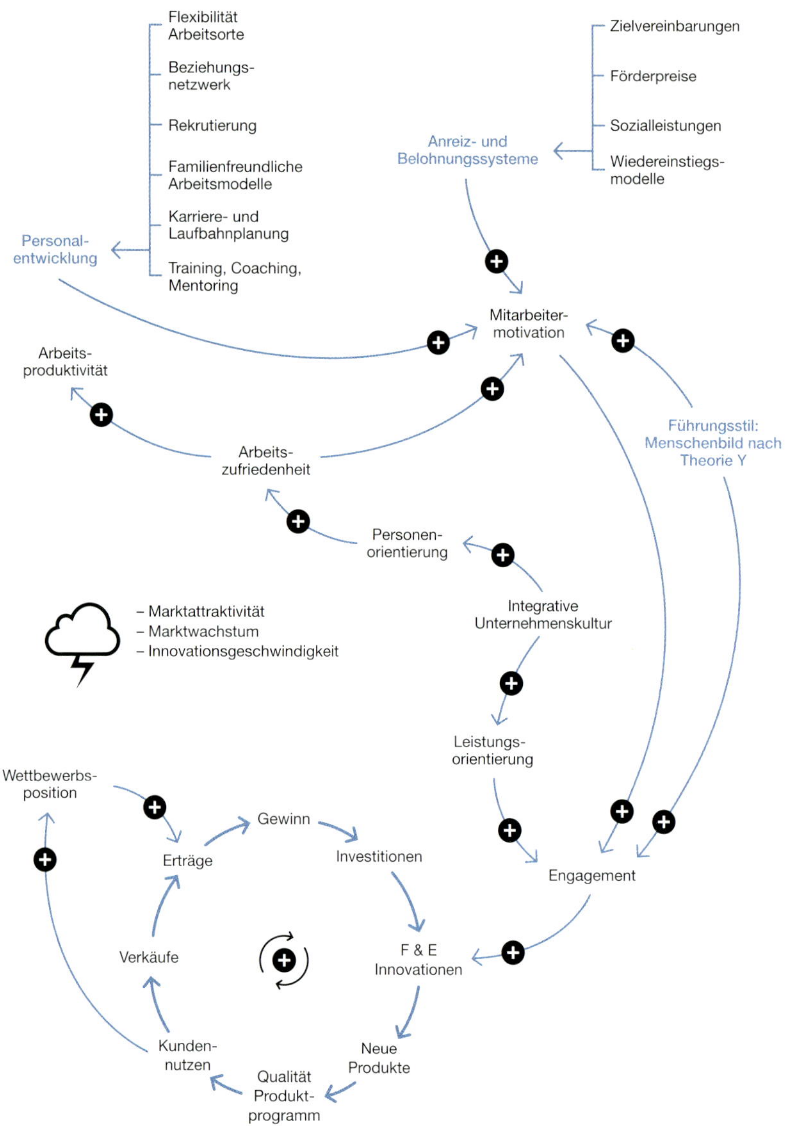

Abbildung 12: Motivationsaspekte des Personalmanagements zur Ankurbelung des betriebswirtschaftlichen Motors (in Anlehnung an Gomez / Probst 1999 und Waibel / Käppeli 2013)

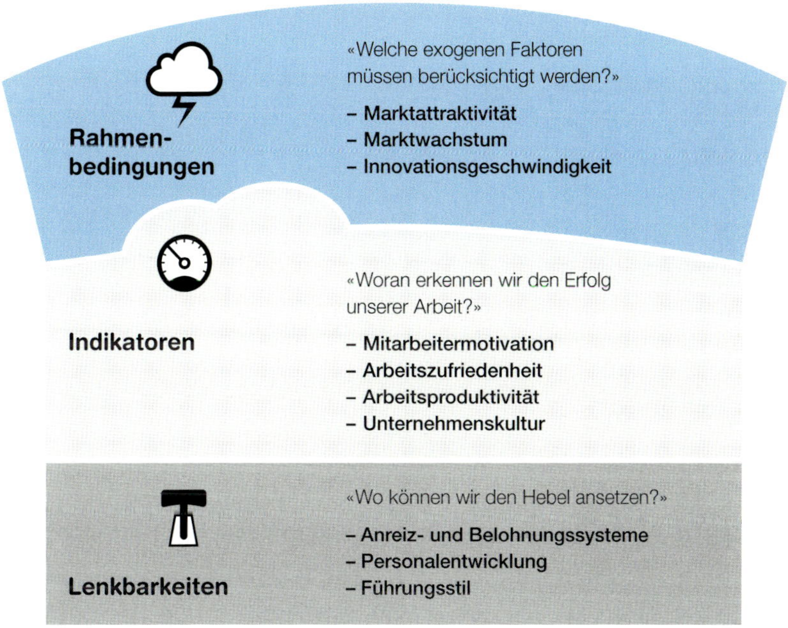

Abbildung 13: Management-Cockpit (in Anlehnung an Waibel/Käppeli 2013)

Notizen

SWOT-Analyse

Mögliche Anwendungsfelder

Studieren

Selbsteinschätzung bei der Auswahl von Wahlfächern

Cases und Praxis

Generierung von strategischen Optionen, Businessplan, Analyse des Produktelebenszyklus, Analyse der Unternehmenssituation und deren Umwelt

What's it all about?

- Welches sind die Stärken und die Schwächen (interne Sicht)?
- Welches sind die Chancen und die Gefahren der Umwelt (externe Sicht)?
- Wie können Stärken eingesetzt werden, um mögliche Chancen zu nutzen?
- Welche Chancen bieten sich, um Schwächen zu mildern?
- Wie können Stärken eingesetzt werden, um vorhandene Gefahren abzuwenden?
- Wo liegen potenzielle Risiken (Schwächen kombiniert mit Gefahren)?

Leading Idea

SWOT steht für **S**trenghts, **W**eaknesses, **O**pportunities and **T**hreats, also für Stärken, Schwächen, Chancen und Gefahren. Die SWOT-Analyse ist eine Analysemethode, bei der die Stärken und Schwächen den Chancen und Gefahren gegenübergestellt werden. Der Einsatz dieses Tools ist nicht nur auf die BWL begrenzt. Eine SWOT-Analyse kann auch als Tool zur Evaluation von persönlichen Möglichkeiten verwendet werden, etwa im Kontext eines Bewerbungsgesprächs oder bei der Wahl einer Weiterbildung. Auch in diesen Situationen können durch die Kombination von Stärken und Schwächen mit Chancen und Gefahren Ansatzpunkte für den strategischen Handlungsbedarf gefunden werden. Das Ziel ist, mindestens eine geeignete strategische Stossrichtung festzuhalten.

Eine Voraussetzung für das langfristige Überleben eines Unternehmens sind Kernkompetenzen. Diese zeichnen sich dadurch aus, dass sie nicht imitierbar, nicht substituierbar sowie (für den Kunden) wertgenerierend sind.

How to do it – Grundsätzliches Vorgehen

1. Ermitteln der Stärken, Schwächen, Chancen und Gefahren mittels interner und externer Analyse.

2. Matrix aufzeichnen und beschriften, um die Stärken, Schwächen, Chancen und Gefahren einander gegenüberzustellen.

3. Verknüpfen der internen und externen Analyse, indem eine Stärke (oder eine Schwäche) mit einer Chance (respektive einer Gefahr) kombiniert wird.

4. Folgende Fragen klären:
   - Wie können die Stärken eingesetzt werden, um die sich bietenden Chancen zu nutzen (SO)?
   - Welche Chancen bieten sich, um Schwächen zu mildern (WO)?
   - Wie können die Stärken eingesetzt werden, um die vorhandenen Gefahren abzuwenden (ST)?
   - Wo liegen potenzielle Risiken, also Schwächen mit Gefahren (WT)?

5. Pro Kombination SO / ST respektive WO / WT werden Grundstrategien abgeleitet.

6. Auswahl der Stossrichtungen für Entwicklung festhalten und Umsetzung sicherstellen.

Process and Outcome

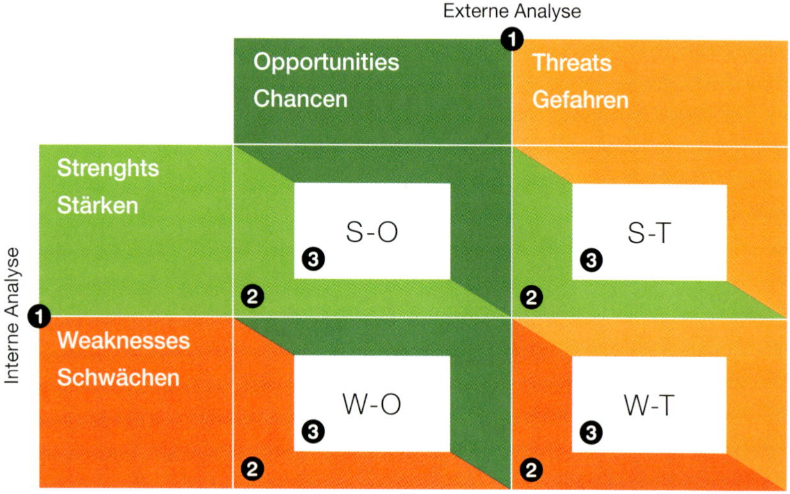

❶ Pool von Daten aus der Unternehmens- (intern) oder Umweltanalyse (extern)

❷ Selektion und Vernetzung der internen und externen Analyse

❸ Handlungsmöglichkeit / Stossrichtung / Zielsetzung für die jeweilige Kombination

Abbildung 14: SWOT-Matrix

Abbildung 15: Die Entstehung einer Kernkompetenz (in Anlehnung an Prahalad/Hamel 1991 und Lombriser/Abplanalp 2010)

	Chancen	Gefahren
Ökologische Herausforderungen		
Globalisierung		
Diskontinuitäten		
...		

Abbildung 16: Chancen- und Gefahrenanalyse

Notizen

ABC-Analyse

Mögliche Anwendungsfelder

Wissenschaftliches Arbeiten
Einteilung der wissenschaftlichen Quellen in A-, B- und C-Journals

Studieren
Klassierung in A-, B- oder C-Module

Cases und Praxis
Materialwirtschaft, Produktionswirtschaft und Marketing

What's it all about?

- Wie kann bei knappen Ressourcen priorisiert werden?
- Welche Elemente einer Grundgesamtheit müssen speziell behandelt werden?
- Welche Elemente können möglicherweise vernachlässigt werden?
- Wo liegen die grössten Erfolgshebel?
- Gibt es Klumpenrisiken respektive Konzentrationsschwerpunkte?

Leading Idea

Sie kennen die 80/20-Regel: 80 % des Ertrags mit nur 20 % des Aufwands! Wie äussert sich dieses sogenannte «Pareto-Prinzip» in der Unternehmenswelt? 80 % des Umsatzes kann von nur gerade 20 % der Kunden generiert werden. Die Erfahrung zeigt ganz allgemein, dass es in einer betrachteten Menge (Grundgesamtheit, z. B. Kunden) eine relativ kleine Anzahl Elemente gibt, die einen grossen Anteil am Gesamtwert (z. B. Umsatz) aufweisen. Diese strategisch wichtigen Elemente nennt man A-Elemente. Demgegenüber gibt es eine relativ grosse Anzahl von C-Elementen, deren Einfluss auf den Gesamtwert gering ist. Dazwischen liegen die B-Elemente.

Im Bereich der Materialwirtschaft besteht die wirtschaftliche Aufgabe darin, diejenigen Beschaffungsobjekte zu identifizieren, welche wertvoll sind und damit viel Kapital binden. Durch eine Konzentration der Planungs- und Organisationsarbeiten auf die A-Güter lassen sich unter anderem Erfolge durch eine Lagerwertreduzierung erzielen.
Verfolgt ein Unternehmen die Kostenführerschaft, muss es bei der Umsetzung dieser Wettbewerbsstrategie seine derzeitigen Kosten analysieren. Es identifiziert Kostentreiber, indem es die Wertschöpfungskette definiert, die aus verschiedenen strategisch relevanten Aktivitäten besteht.

Letztlich dienen die Erkenntnisse aus der ABC-Analyse der Steigerung sowohl der Effektivität als auch der Effizienz: Die richtigen Dinge (Outside-in-Perspektive) – mit den geeigneten Ressourcen – richtig tun (Inside-out-Perspektive).

How to do it – Grundsätzliches Vorgehen

1. Definition des Wert-Kriteriums zur Einteilung der Elemente in die drei Klassen A, B und C.

2. Erstellen einer «Wert-Mengen-Tabelle»: für jedes Element werden der Wert und die Menge ausgewiesen.

3. Elemente nach absteigendem Wertbeitrag sortieren.

4. Kumulation der mengenmässigen Anteile und der Wertbeiträge.

5. Festlegung der Klassengrenzen A, B, C. Die Klassengrenzen sind nicht fix definiert. Sie ergeben sich aus der konkreten Verteilung. Die Festlegung der Klassengrenzen ist damit teilweise willkürlich.

   Die Begriffe A, B und C können je nach Kontext interpretiert werden. Mögliche Interpretationen sind:

   A → sehr wichtig/hochwertig/umsatzstark
   B → mittlere Wichtigkeit/mittelwertig/mittlere Umsatzstärke
   C → weniger wichtig/niederwertig/umsatzschwach

Intervalle üblicher Klassengrenzen		
	Mengenanteil	Wertanteil
Klasse A	~10–20 %	~70–80 %
Klasse B	~20–30 %	~10–20 %
Klasse C	~60–70 %	~ 5–10 %
Total	100 %	100 %

   Abbildung 17: ABC-Intervalle

6. Grafische Darstellung, z. B. mittels Lorenzkurve oder Balkendiagrammen.

7. Konsequenzen der Klassierung ableiten.

Process and Outcome

Menge pro Element	Anteil jedes Elements an der Gesamtmenge in %	Kumulierte Menge (Rang)	Kumulierter Mengenanteil in %	Wertanteil pro Mengenelement	Anteil Wert am Gesamtwert in %	Kumulierter Wertanteil in %	Klasse
1	2,7	1	2,70	114.38	17,1	17,100	A
1	2,7	2	5,41	79.43	11,9	28,993	A
1	2,7	3	8,11	74.73	11,2	40,173	A
1	2,7	4	10,81	64.34	9,6	49,797	A
1	2,7	5	13,51	50.83	7,6	57,402	A
1	2,7	6	16,22	44.68	6,7	64,086	A
1	2,7	7	18,92	41.18	6,2	70,246	A
1	2,7	8	21,62	38.92	5,8	76,068	A
1	2,7	9	24,32	32.53	4,9	80,935	B
1	2,7	10	27,03	26.72	4,0	84,932	B
1	2,7	11	29,73	25.81	3,9	88,793	B
1	2,7	12	32,43	18.30	2,7	91,530	B
1	2,7	13	35,14	16.81	2,5	94,045	B
1	2,7	14	37,84	7.15	1,1	95,114	C
1	2,7	15	40,54	6.68	1,0	96,113	C
1	2,7	16	43,24	4.96	0,7	96,856	C
1	2,7	17	45,95	3.18	0,5	97,331	C
1	2,7	18	48,65	2.57	0,4	97,716	C
1	2,7	19	51,35	2.57	0,4	98,101	C
1	2,7	20	54,05	2.30	0,3	98,445	C
1	2,7	21	56,76	2.03	0,3	98,749	C
1	2,7	22	59,46	1.79	0,3	99,016	C
1	2,7	23	62,16	1.79	0,3	99,283	C
1	2,7	24	64,86	1.14	0,2	99,455	C
1	2,7	25	67,57	0.79	0,1	99,573	C
1	2,7	26	70,27	0.79	0,1	99,692	C
1	2,7	27	72,97	0.51	0,1	99,768	C
1	2,7	28	75,68	0.51	0,1	99,844	C
1	2,7	29	78,38	0.29	0,0	99,887	C
1	2,7	30	81,08	0.29	0,0	99,930	C
1	2,7	31	83,78	0.13	0,0	99,949	C
1	2,7	32	86,49	0.13	0,0	99,968	C
1	2,7	33	89,19	0.07	0,0	99,979	C
1	2,7	34	91,89	0.07	0,0	99,989	C
1	2,7	35	94,59	0.03	0,0	99,994	C
1	2,7	36	97,30	0.03	0,0	99,999	C
1	2,7	37	100,00	0.01	0,0	100,000	C

Abbildung 18: Praxisbeispiel einer ABC-Analyse

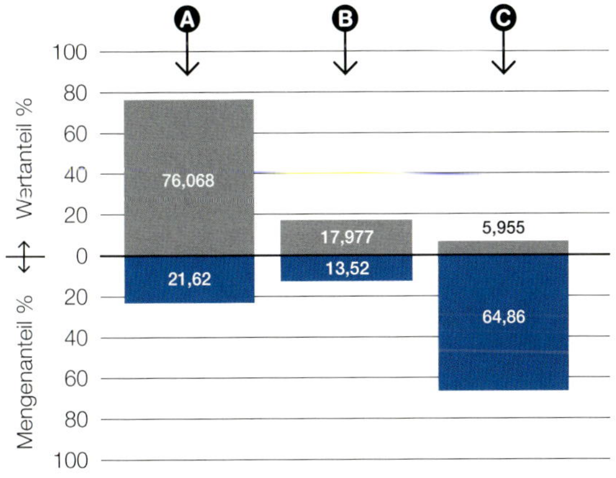

Abbildung 19: Balkendiagramm zur ABC-Analyse

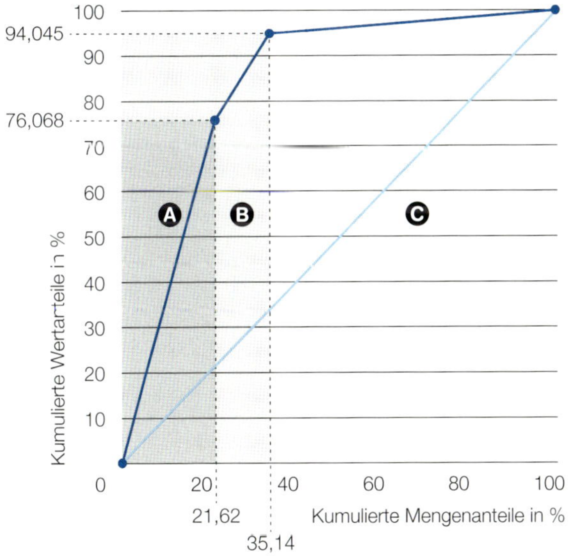

Abbildung 20: Lorenzkurve zur ABC-Analyse

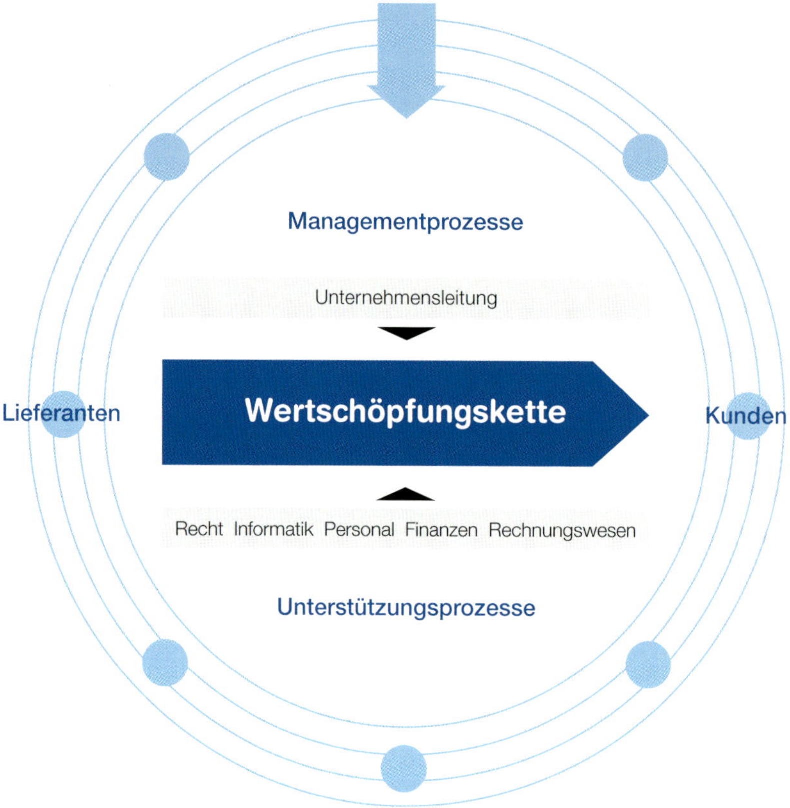

Abbildung 21: Die Wertschöpfungskette in der Prozessorganisation (in Anlehnung an Rüegg-Stürm 2004 und Porter 2010)

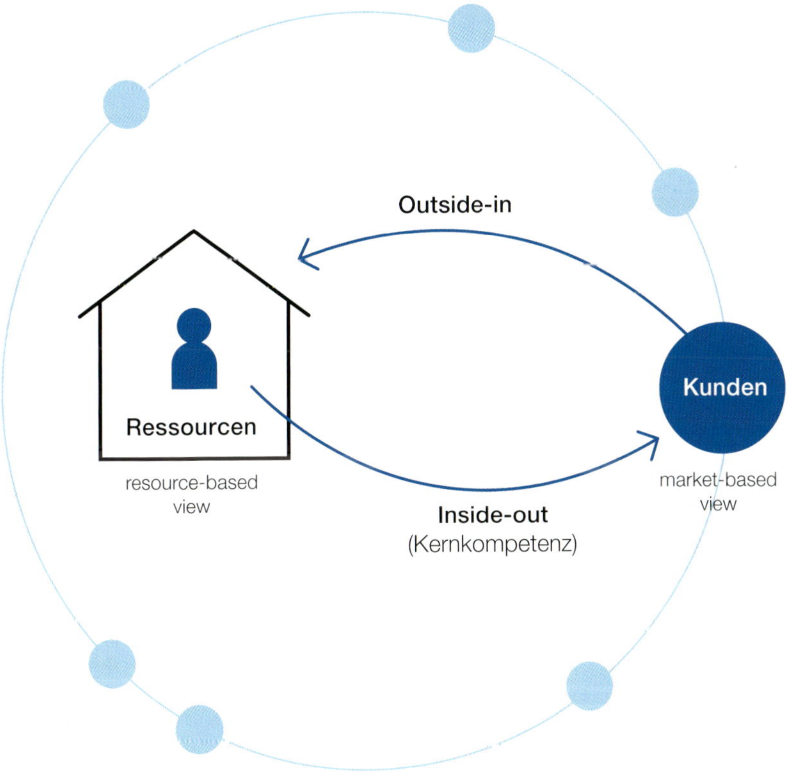

Abbildung 22: Perspektiven des strategischen Managements (in Anlehnung an Prahalad/Hamel 1991 und Mintzberg et al. 2002)

Notizen

Morphologischer Kasten

Mögliche Anwendungsfelder

Cases und Praxis

Produktentwicklung, Kombination von Produktmerkmalen, Ermitteln von Produktnamen, Prozessentwicklung, Marktentwicklung

What's it all about?

- Wie entwickelt man verschiedene Lösungsideen?
- Wie zerlegt man ein Problem in verschiedene Teilprobleme?
- Welche Kombinationen/Lösungen sind möglich bzw. sinnvoll?
- Kann Kreativität mit BWL-Tools gesteuert werden?
- Wie können zum Beispiel verschiedene Produktvarianten kreativ entwickelt werden?

Leading Idea

«Morphé» und «Metamorphosis» entstammen dem Griechischen und bedeuten «Gestalt» und «Umgestaltung, Verwandlung». Der Morphologische Kasten bietet sich als Kreativitätstool immer dann an, wenn ein Problem oder eine Fragestellung aus verschiedenen Teilaspekten besteht und hierfür verschiedene Gestaltungsalternativen existieren. Dabei wird ein Problem sehr schematisch hinsichtlich seiner Parameter und deren Ausprägungen zerlegt und die Lösung durch eine neue Kombination der Parameterausprägungen gefunden.

Der Morphologische Kasten kann im Strategiebereich unter anderem bei der Entwicklung neuer Produkte und neuer Märkte eingesetzt werden. Eine Basis zur Systematisierung von Wachstumsstrategien findet sich bei Ansoff. Im Sinn einer Erweiterung werden in der «SKC-Matrix» (Strategic Key Concept) Produktebenen differenziert und der Begriff «Markt» durch Segmentierungskriterien präzisiert.

How to do it – Grundsätzliches Vorgehen

1. Definieren der Problemstellung. Durch welche Parameter zeichnet sich das Problem aus? Unter Parametern versteht man in diesem Zusammenhang die lösungsrelevanten Eigenschaften des gesuchten Objekts.

2. Check: Die Parameter müssen voneinander unabhängig sein. Zudem müssen sie umsetzbar, also operationalisierbar sein. Und das Wichtigste: Die Parameter müssen lösungsrelevant sein.

3. Suchen von Ausprägungen für alle Parameter. Richtgrösse: mindestens drei Ausprägungen pro Parameter. Die Ausprägungen sollen sich deutlich voneinander unterscheiden.

4. Erstellung des Morphologischen Kastens. Durch unterschiedliche Kombination der Ausprägungen können Lösungsvarianten gefunden werden.

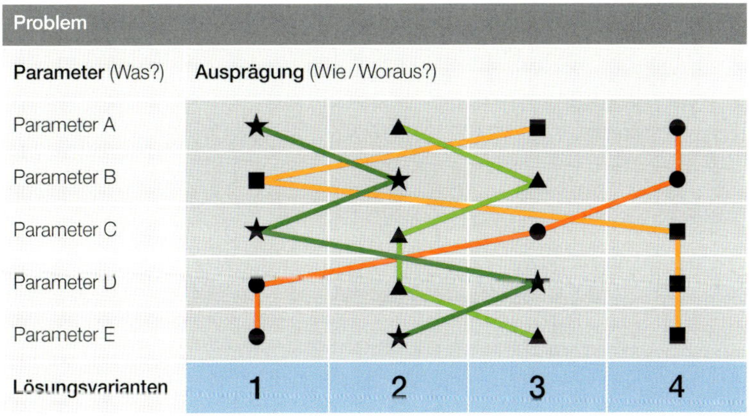

Abbildung 23: Morphologische Matrix (in Anlehnung an Zwicky 1966)

5. Wahl der optimalen Lösung zum Beispiel mittels Nutzwertanalyse.

6. Weiterverfolgung der gewählten Lösung bis zur endgültigen Realisierung oder Konstruktion (Projektplan).

Process and Outcome

	Ausprägung Markt			
	Parameter	Ausprägung 1	Ausprägung 2	Ausprägung 3
Demografisch				
Psychografisch				
Verhaltensbezogen				

Abbildung 24: Morphologischer Kasten zur Marktebene (in Anlehnung an Kotler 2007)

	Ausprägung Produkt			
	Parameter	Ausprägung 1	Ausprägung 2	Ausprägung 3
Kernprodukt				
Formalprodukt				
Erweitertes Produkt				

Abbildung 25: Morphologischer Kasten zur Produktebene (in Anlehnung an Meffert 2011)

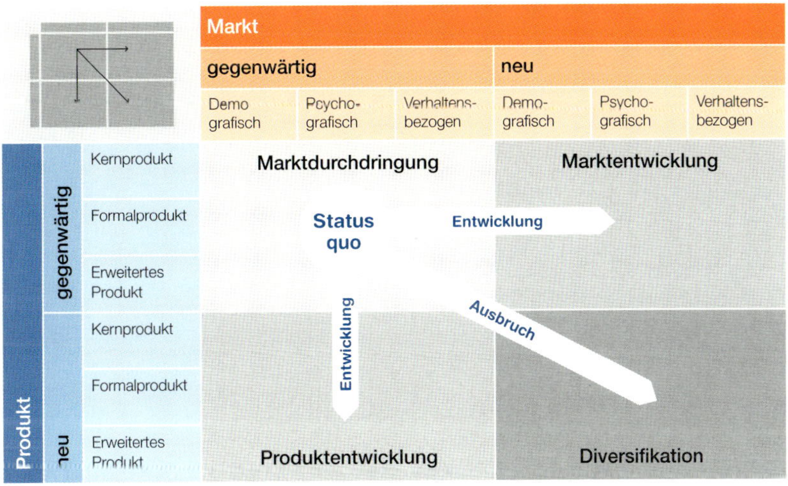

Abbildung 26: SKC-Matrix (Strategic Key Concept) (in Anlehnung an Kotler 2007 und Ansoff 1965)

Notizen

Notizen

Nutzwertanalyse

Mögliche Anwendungsfelder

Cases und Praxis

Auswahl von Lösungsvarianten für diverse Fragestellungen, zum Beispiel: Standortwahl von Unternehmen, Investitionsentscheidungen bzw. Vergleich von Investitionsprojekten, Vergleich von Bewerbern bei der Personalauswahl, Bewertung von Märkten / Segmenten, Auswahl von Lieferanten

What's it all about?

- Wie kann systematisch unter verschiedenen Lösungsmöglichkeiten die beste gefunden werden?
- Wie fliessen wichtige und weniger wichtige Kriterien in die Bewertung von Alternativen ein?
- Was sind Musskriterien bzw. Killerkriterien?

Leading Idea

Die Nutzwertanalyse gehört zu den quantitativen Analysemethoden und ist ein systematisches Verfahren zur Bewertung von Lösungsalternativen. «Quantitativ» heisst in diesem Zusammenhang, dass alle Kriterienausprägungen einen zahlenmässigen Wert bekommen müssen. Qualitative Kriterien können also nur in die Bewertung einfliessen, wenn sie quantifiziert werden. Die Nutzwertanalyse wird eingesetzt, wenn quantitativ bewertbare Kriterien vorliegen, anhand deren zwischen verschiedenen Alternativen eine Auswahl getroffen werden soll.

Bei der Festlegung des Produktionsprogrammes stellt sich unter anderem auch die Frage des Outsourcings. Hierbei wird entschieden, welche Produkte das Unternehmen selbst herstellen und welche es zukaufen will. Man spricht in diesem Fall von einer Make-or-buy-Entscheidung, die ein Unternehmen zu treffen hat, wobei diverse Kriterien als Entscheidungshilfe herangezogen werden. Eine Nutzwertanalyse kann dabei als Entscheidungsgrundlage dienen.

Die Sensitivitätsanalyse, auch als Empfindlichkeitsanalyse bekannt, überprüft die Abhängigkeit der Präferenzordnung von unterschiedlichen Gewichtungen und Bewertungen.

How to do it – Grundsätzliches Vorgehen

1. Festlegung der Alternativen, welche als Lösungsmöglichkeiten in Frage kommen.
2. Festlegung der Bewertungskriterien.
3. Gewichtung (G) der Bewertungskriterien zur Priorisierung der Kriterien. Empfehlenswert ist ein Gesamtgewicht (= Summe aller Teilgewichtungen) von 100.
4. Kennzeichnen von Muss- respektive Killerkriterien. Alternativen (Lösungsmöglichkeiten), welche Muss- bzw. Killerkriterien nicht erfüllen, werden nicht weiterverfolgt.
5. Bewertung (W) der Alternativen anhand der Bewertungskriterien (Werte: 1, 3 oder 5)
6. Berechnung des Nutzens (G x W)
7. Berechnung des Gesamtnutzens pro Alternative (Summe der Nutzen)
8. Präferenzordnung gemäss Gesamtnutzen
9. Sensitivitätsanalyse

Relative Gewichtung der Bewertungskriterien			
	Kriterium 1	Kriterium 2	Kriterium 3
Kriterium 1			
Kriterium 2			
Kriterium 3			

Abbildung 27: Sensitivitätsanalyse der Gewichtung der Bewertungskriterien

Process and Outcome

		Standort A		Standort B	
Bewertungskriterien	Gewichtung (G)	Werte (W)	Nutzen = (G x W)	Werte (W)	Nutzen = (G x W)
Kriterium 1 z. B. Standortfaktor					
Kriterium 2					
Kriterium 3					
Kriterium 4					
Gesamtnutzen					
Präferenzordnung					

Werteskala 1–5

sehr gut = 5
befriedigend = 3
schlecht = 1

Abbildung 28: Nutzwertanalyse

Beurteilungskriterien	Gewichtung (Punkte)	Make: Erfüllungsgrad des Kriteriums	Make: Nutzen	Buy: Erfüllungsgrad des Kriteriums	Buy: Nutzen
Kosten Ist der Kauf billiger als die Eigenproduktion?	20	5	100 ★	3	60
Qualität der Produkte Entspricht das Produkt unseren Qualitätsanforderungen?	10	3	30	5	50 ★
Zuverlässigkeit des Lieferanten Kann man sich langfristig auf den Lieferanten verlassen?	5	1	5	3	15 ★
Unabhängigkeit Bleibt die Unabhängigkeit des eigenen Unternehmens gesichert?	15	3	45	5	75 ★
Produktionskapazität Bleibt die Produktionskapazität des eigenen Unternehmens gesichert?	10	1	10	3	30 ★
Investitionen Erübrigen sich dank der Zukäufe weitere Investitionen?	10	5	50	5	50
Preisentwicklung Wie entwickeln sich langfristig die Preise der zugekauften Produkte?	10	3	30	5	50 ★
Soziale Aspekte Welches sind die Auswirkungen für die Mitarbeitenden (Entlassungen, mehr Teilzeitarbeit)?	20	1	20	5	100 ★
Gesamtnutzen	100		290		430
Präferenzordnung			2		1
Entscheidung	Buy				

Abbildung 29: Nutzwertanalyse am Beispiel einer Make-or-buy-Entscheidung

Notizen

Kritisches Denken

Mögliche Anwendungsfelder

Wissenschaftliches Arbeiten
Verlässlichkeit von Quellen beurteilen

Studieren
Zwischen Fakten, Behauptungen und normativen Aussagen unterscheiden

Cases und Praxis
Werthaltungen identifizieren, zum Beispiel bei der Stakeholderanalyse

What's it all about?

- Vertraue ich den mir zur Verfügung stehenden Informationen?
- Sind die mir zur Verfügung stehenden Informationen vollständig?
- Wie kann ich Fakten, Behauptungen und normative Aussagen unterscheiden?
- Welche Sichtweisen liegen den geäusserten Informationen zugrunde?
- Woher weiss ich, was ich weiss?

Leading Idea

Kritisch zu sein und kritisch zu denken, ist uns nicht angeboren. Wenn wir jedoch Ansichten nicht hinterfragen, können wir Vorurteile, Fehlurteile oder Wissenslücken nicht erkennen. Das gilt auch für die eigene Einstellung. Kritisches Denken folgt einem bestimmten Vorgehen, das den systematischen Einbezug von verschiedenen Sichtweisen verlangt, um die eigene Werthaltung sowie die Werthaltung anderer zu erkennen. Im Unternehmenskontext sollte deshalb im Rahmen der Stakeholderanalyse nicht nur strategisch, sondern mit einer normativ-kritischen Grundhaltung vorgegangen werden.

Das normative Management als einer von drei Managementprozessen im «Neuen St. Galler Managementmodell» hat konfligierende Anliegen und Interessen zum Gegenstand. Unternehmenspolitisches Ziel ist es, unternehmerische Legitimations- und Verständigungspotenziale mit Anspruchsgruppen aufzubauen. Unter anderem stellt sich dabei die Frage, wer (Träger) ethische Anliegen umsetzen soll und wo (Orte) diese Trägerschaft aktiv werden kann.

Weiter geht es beim kritischen Denken um eine differenzierte Würdigung der Informationsgrundlage. Es gilt, zwischen Fakten, Behauptungen und normativen Aussagen zu unterscheiden.

How to do it – Grundsätzliches Vorgehen

Hinterfragen der Informationsgrundlagen

1. Informationen sammeln/beschaffen (Würdigung der eigenen Werthaltung).
2. Ermitteln aller substanziellen Aussagen.
3. Prüfung auf Annehmbarkeit und Relevanz.
4. Sind ausreichend Informationen vorhanden?
   Ja → Weiter zu 5
   Nein → Zurück zu 1
5. Sind die Aussagen (Informationen) verifizierbar?
   Ja → Fakten, weiter zu 7
   Nein → Behauptungen, weiter zu 6
6. Wenn die Behauptungen unter Annahme überprüfbar sind, handelt es sich um normative Aussagen.
7. Gesamtwürdigung aller Informationen unter Berücksichtigung der jeweiligen Werthaltung.
8. Aussagekräftige Informationen weiterverfolgen und kategorisieren.

Hinterfragen der Werthaltung

1. Eigene Sichtweise hinsichtlich Werthaltung hinterfragen.
2. Identifizierung der relevanten Sichtweisen. Gibt es neben zum Beispiel strategischen Aspekten auch andere legitime Anliegen von Stakeholdern?
3. Gegenüberstellung aller strategischen und anderen legitimen Ansprüche.
4. Bewusste Gewichtung verschiedener Anliegen bei der Entscheidungsfindung.
5. Bewusstes Tragen der Konsequenzen des getroffenen Entscheids.

Process and Outcome

Das idealtypische Vorgehen zum kritischen Denken folgt bestimmten «Filterkriterien» (substanziell, annehmbar etc.). In Anlehnung an die wissenschaftliche Vorgehensweise empfiehlt es sich, eine Tabelle nach folgendem Muster zu erstellen:

Begriffsklärung					
Begriff	Bedeutung	Synonyme	Antonyme	Anwendungskontext	Englischer Begriff (etc.)
substanziell					
...					

Abbildung 30: Begriffsklärung

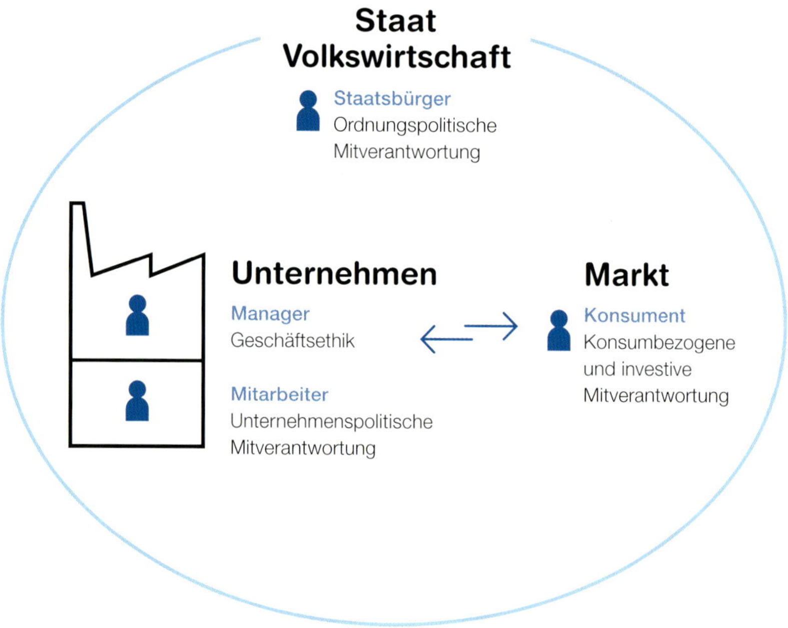

Abbildung 31: Wirtschaftsethisches Verortungsmodell

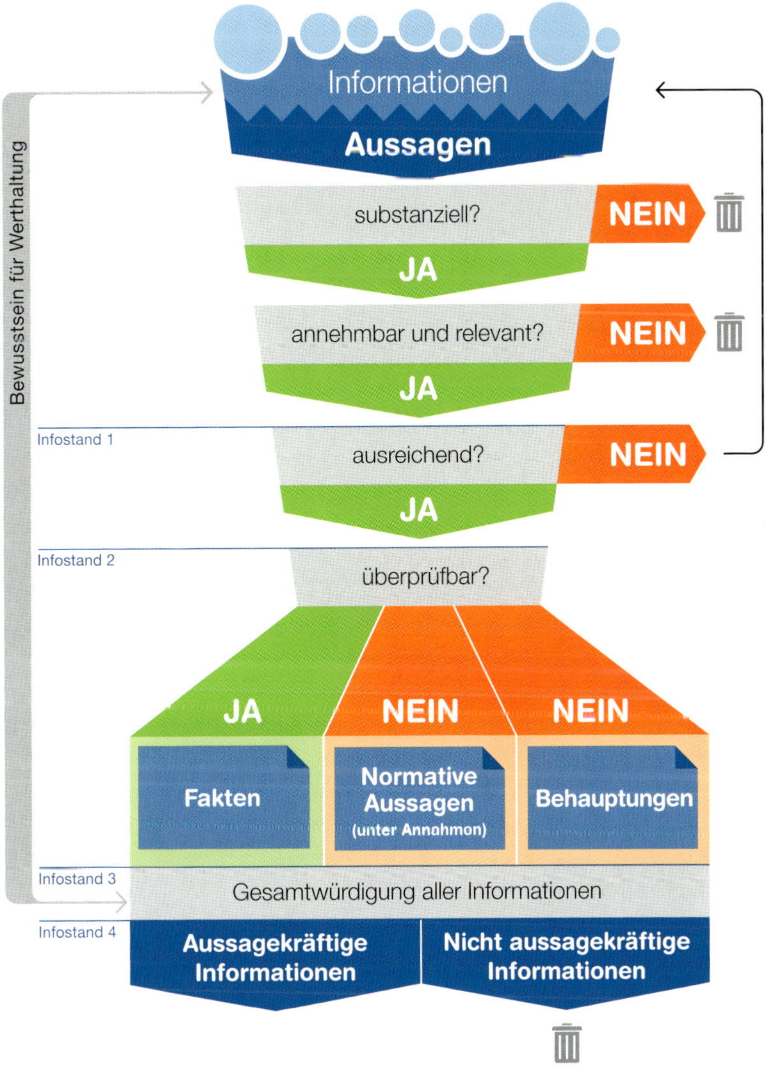

Abbildung 32: Idealtypisches Vorgehen zum kritischen Denken

Notizen

Zeitmanagement

Mögliche Anwendungsfelder

Wissenschaftliches Arbeiten

Teil des Projektmanagements beim Schreiben einer Semesterarbeit

Studieren

Leistungsnachweise rechtzeitig erbringen, Prüfungen bewältigen

Cases und Praxis

Selbstmanagement, MBO (Management by Objectives), Projektmanagement

What's it all about?

- Was ist der Unterschied zwischen Wichtigkeit und Dringlichkeit?
- Welche Störfaktoren kosten Zeit?
- Wie werden Ziele klar, konkret und einfach formuliert?
- Wie wird ein Tagesablauf effektiv geplant?
- Wie werden zu bewältigende Aufgaben priorisiert?

Leading Idea

Die Aufgabe von Zeitmanagement ist es, mit der knappen Ressource Zeit ökonomisch umzugehen, also zum Beispiel Termine und Aufgaben innerhalb einer begrenzten Zeitspanne zu organisieren. Ganz allgemein gesehen bedeutet Zeitmanagement nichts anderes als den bewussten Umgang mit Zeit. Das Ziel ist es, wesentliche Dinge effizient zu erledigen, sich Freiräume für eine ausgeglichene Work-Life-Balance zu schaffen und Aufgaben ohne negativen Stress zu bewältigen.

How to do it – Grundsätzliches Vorgehen

1. Ziele festlegen und formulieren. Ziele müssen immer **SMART** formuliert sein, das heisst:
   S → **S**pezifisch
   M → **M**essbar
   A → **A**ktionsorientiert
   R → **R**ealistisch
   T → **T**erminierbar

2. Aufgaben gliedern (Pareto-Prinzip): 80 % des Ertrags erzielen mit nur 20 % des Aufwands. Welche Aufgaben bringen den höchsten Mehrwert / Grenznutzen?

3. Aufgaben priorisieren (Eisenhower-Matrix): Wichtigkeit vor Dringlichkeit!

4. Ablauf (Zeit) planen (**ALPEN**-Modell)
   A → Alle **A**ufgaben aufschreiben
   L → Deren jeweilige **L**änge (Dauer) schätzen
   P → **P**ufferzeiten einplanen für Unvorhergesehenes
   E → **E**ntscheiden und einen Zeitplan erstellen
   N → **N**achkontrollieren und wenn nötig Massnahmen ergreifen

Process and Outcome

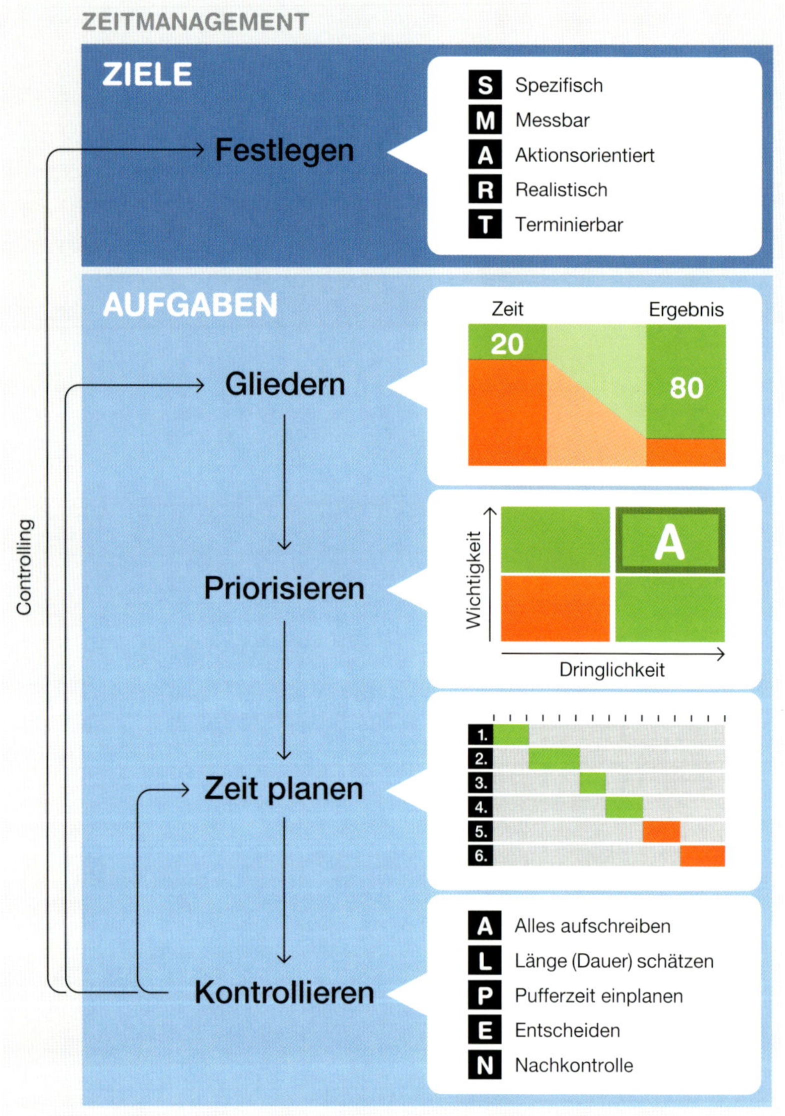

Abbildung 33: Idealtypisches Vorgehen zum Zeitmanagement

Abbildung 34: Eisenhower-Prinzip

Notizen

Notizen

Notizen

Notizen

Notizen

Quellenverzeichnis

Problemlöse- und Entscheidungsprozess

- Gomez, P. & Probst, G. (1999). Die Praxis des ganzheitlichen Problemlösens. Vernetzt denken, unternehmerisch handeln, persönlich überzeugen. [3. Aufl.]. Bern: Haupt.
- Lombriser, R. & Abplanalp, P. (2010). Strategisches Management: Visionen entwickeln, Erfolgspotenziale aufbauen, Strategien umsetzen. [5., vollst. überarb. und erw. Aufl.]. Zürich: Versus.
- Mintzberg, H. (1999). Who should control the operation? In: Mintzberg, H., Quinn, J.B. & Ghoshal, S.: The Strategy Process. Harlow: Pearson Education Ltd.
- Thommen, J.-P. (2013). Betriebswirtschaft und Management. [9., vollst. überarb. Aufl.]. Zürich: Versus.
- Waibel, R. & Käppeli, M. (2013). Betriebswirtschaft für Führungskräfte: Die Erfolgslogik des unternehmerischen Denkens und Handelns. [4. Aufl.]. Zürich: Versus.

Interaktionsthemenanalyse

- Rüegg-Stürm, J. (2004). Das neue St. Galler Management-Modell. Dubs, R., Euler, D., Rüegg-Stürm, J. & Wyss, Ch. (Hrsg.). Einführung in die Managementlehre. Bern: Haupt.
- Ulrich, P. (Hrsg.), Büscher, M., Matthiesen, K. & Sarasin, Ch. (1996). Ethik in Wirtschaft und Gesellschaft. Aarau: Sauerländer.

Netzwerktechnik

- Capaul, R. & Steingruber, D. (2010). Betriebswirtschaft verstehen: Das St. Galler Management-Modell. Oberentfelden: Sauerländer.
- Gomez, P. & Probst, G. (1999). Die Praxis des ganzheitlichen Problemlösens. Vernetzt denken, unternehmerisch handeln, persönlich überzeugen. [3. Aufl.]. Bern: Haupt.
- Schoeffler, S., Buzzell, R. & Heany, D. (1972). Impact of Strategic Planning on Profit. In: Harvard Business Review, 52, S. 137 – 145.
- Waibel, R. & Käppeli, M. (2013). Betriebswirtschaft für Führungskräfte: Die Erfolgslogik des unternehmerischen Denkens und Handelns. [4. Aufl.]. Zürich: Versus.

SWOT-Analyse

- Ergenzinger, R. & Thommen, J.-P. (2005). Marketing. Vom klassischen Marketing zu Customer Relationship Management und E-Business. [2., erw. und aktual. Aufl.]. Zürich: Versus.
- Lombriser, R. & Abplanalp, P. (2010). Strategisches Management: Visionen entwickeln, Erfolgspotenziale aufbauen, Strategien umsetzen. [5., vollst. überarb. und erw. Aufl.]. Zürich: Versus.
- Mintzberg, H., Ahlstrand, B. & Lampel, J. (2002). Strategy Safari. Eine Reise durch die Wildnis des Strategischen Managements. Wien: Überreuter Verlag.
- Prahalad, C. & Hamel, G. (1991). Nur Kernkompetenzen sichern das Überleben. In: Harvardmanager 13, 2/99, S. 66 – 78.
- Vahs, D. (2007). Organisation: Einführung in die Organisationstheorie und -praxis. [6., überarb. und erw. Aufl.]. Stuttgart: Schäffer-Poeschel.
- Waibel, R. & Käppeli, M. (2013). Betriebswirtschaft für Führungskräfte: Die Erfolgslogik des unternehmerischen Denkens und Handelns. [4. Aufl.]. Zürich: Versus.

ABC-Analyse

- Drews, G., Hillebrand, N. & Hirtreiter, S. (Hrsg.). (2010). Lexikon der Projektmanagement-Methoden. [2. Aufl.]. Freiburg: Haufe-Lexware.
- Mintzberg, H., Ahlstrand, B. & Lampel, J. (2002). Strategy Safari. Eine Reise durch die Wildnis des Strategischen Managements. Wien: Überreuter Verlag.

- Porter, M. (2010). Wettbewerbsvorteile. [6. Aufl.]. Frankfurt a.M.: Campus.
- Prahalad, C. & Hamel, G. (1991). Nur Kernkompetenzen sichern das Überleben. In: Harvardmanager 13, 2/99, S. 66 – 78.
- Rüegg-Stürm, J. (2003). Das neue St. Galler Management-Modell. Bern: Haupt.
- Stich, V., Kerth, K. & Asum, H. (2011). Die besten Strategietools in der Praxis. [5., erw. Aufl.]. München, Wien: Carl Hanser.
- Thommen, J.-P. (2013). Betriebswirtschaft und Management. [9., vollst. überarb. Aufl.]. Zürich: Versus.

Morphologischer Kasten

- Ansoff, I. (1965). Corporate Strategy. An Analytic Approach to Business Policy of Growth and Expansion. New York: McGraw Hill.
- Grossklaus, R. (2008). Neue Produkte einführen. Von der Idee zum Markterfolg. Wiesbaden: Gabler.
- Kotler, P. (2007). Marketing-Management. [12. Aufl.]. Stuttgart: Poeschel.
- Kotler, P., Armstrong, G., Wong, V. & Saunders, J. (2010). Grundlagen des Marketings [5. Aufl.]. München: Pearson-Studium.
- Magiera, C. (2009). Einsatz und Anwendung von Innovationstechniken: Betrachtung unter dem Effizienzaspekt. Hamburg: Diplomica.
- Meffert, H. (2011). Marketing: Grundlagen marktorientierter Unternehmensführung. Konzepte – Instrumente – Praxisbeispiele. [11. Aufl.]. Wiesbaden: Gabler.
- Menke, M. (2006). 99 Tipps für Kreativitätstechniken: Ideenschöpfung und Problemlösung bei Innovationsprozessen und Produkteentwicklung. Berlin: Cornelsen.
- Nagel, K. (2009). Kreativitätstechniken in Unternehmen. Das Radar-System. München: Oldenbourg-Verlag.
- Schröder, M. (2007). Heureka, ich hab's gefunden: Kreativitätstechniken, Problemlösung & Ideenfindung. Herdecke: W3L.
- Waibel, R. & Käppeli, M. (2013). Betriebswirtschaft für Führungskräfte. [4. Aufl.]. Zürich: Versus.
- Zwicky, F. (1966). Entdecken, Erfinden, Forschen im morphologischen Weltbild. München, Zürich: Droemer/Knaur.

Nutzwertanalyse

- Thommen, J.-P. (2013). Betriebswirtschaft und Management. [9., vollst. überarb. Aufl.]. Zürich: Versus.
- Waibel, R. & Käppeli, M. (2013). Betriebswirtschaft für Führungskräfte: Die Erfolgslogik des unternehmerischen Denkens und Handelns. [4. Aufl.]. Zürich: Versus.

Kritisches Denken

- Dubs, R. (2009). Lehrerverhalten: Ein Beitrag zur Interaktion von Lehrenden und Lernenden im Unterricht. [2., vollst. neu bearb. Aufl.]. Zürich: SKV.
- Paul, R. & Elder L. (2003). Kritisches Denken: Begriffe und Instrumente – Ein Leitfaden im Taschenformat. URL: www.criticalthinking.org/files/german_concepts_tools.pdf [01.09.2011].
- Rüegg-Stürm, J. (2003). Das neue St. Galler Management-Modell. Bern: Haupt.
- Ulrich, P. (Hrsg.), Büscher, M., Matthiesen, K. & Sarasin, Ch. (1996). Ethik in Wirtschaft und Gesellschaft. Aarau: Sauerländer.

Zeitmanagement

- Drucker, P. & Maciariello, J. (2009). Management. Glasgow: Harper Collins US.
- Götze, U., Mirkus, B. & Bloech, J. (2000). Management und Zeit. Heidelberg: Physica.
- Harvard Business School Publishing (Hrsg.). (2005). Time Management: Increase Your Personal Productivity and Effectiveness. New York City: McGraw-Hill Professional.

Abbildungsverzeichnis

Autorenangaben

Florian Angst, Prof. ZHAW

Tobias Hauser, lic. rer. pol., dipl. Hdl., FRM, Lehrbeauftragter

Thomas Sutter, MSc BA (FHO), dipl. WiPäd. HSG, Lehrbeauftragter

Antonio Teta, Dr. oec. publ., Dozent ZHAW

Petronella Vervoort Isler, lic. oec. HSG, dipl. Hdl. HSG, Dozentin ZHAW

Visuelle Gestaltung: Manuel Cottone, www.artic.ch